# Contents

# 프롤로그

인간은 남녀노소 가리지 않고 누구나 아름답게 보이기를 원한다. 헤어, 신체, 피부 등 아름다움을 추구하는 부위는 다양하다. 특히 건강한 손발톱 관리의 중요성이 갈수록 커지고 있다. 타인과 차별화되는 아름다움 중 하나로 네일아트가 최근 각광을 받고 있는 이유다.

네일아트는 단시간의 교육기간과 소자본 투자 대비 고수익을 창출할 수 있다는 장점이 있다. 소규모로 창업할 수 있는 장점 때문에 많은 여성들이 쉽게 네일아트에 뛰어든다. 하지만 철저히 준비하지 않으면, 이 분야 역시 사업에 어려움을 겪을 수 있다는 점을 명심할 필요가 있다.

네일아트를 연구하면 할수록 네일 아티스트에게 요구되는 능력이 다양하다는 것을 느낀다. 색채배색 능력, 디자인 능력, 제품선정 능력, 고객관리 능력, 서비스 마인드 정신, 숍경영 능력 등등…. 여러 능력들을 모두 갖추어서 다양하게 활용하는 미용인이 있는가 하면, 그렇지 못한 미용인들도 너무 많다.

이 책은 기초적인 네일아트의 지식과 기술을 습득한 중급 네일 아티스트를 위한 책이다. 따라서 기초적인 습식매니큐어와 페디큐어, 네일렙과 인조손톱연장 등은 생략하고 기본적인 아트를 중심으로 포크아트와 아크릴릭 아트, 젤 네일아트를 중심으로 작품의 시술과정과 응용작품으로 구성하여 누구나 쉽게 따라할 수 있도록 하였다.

네일에 대한 기초지식이 있다면, 일주일이면 누구나 전문가처럼 '셀프 네일'을 할 수 있다.

각 단원마다 연습문제와 포트폴리오 패턴으로 창의적이고 개성적인 작품을 디자인 할 수 있도록 하였고, 마지막의 네일 갤러리에서는 응용작품들을 실어 참고할 수 있도록 하였다.

정해진 시간 안에 최선을 다해 책을 정리하였지만, 부족함이 느껴진다. 네일 미용을 더 연구하여 보충할 것을 다짐한다. 미흡하지만 네일 아티스트를 꿈꾸는 예비미용인들에게 실기 지침서가 되기를 바란다. 끝으로 이 책을 출판하는 데 많은 도움을 주신 ㈜마이스터연구소 대표님께 감사의 말씀을 드린다.

2017년 여름에

저자 **윤오선 · 서선미**

# 제1장 네일 디자인

## Nail Design

# ① 네일 디자인이란

네일 디자인은 피부의 부속기관 중 하나인 네일(손톱·발톱)에 미적인 조형요소를 가하여 아름다움을 목적으로 하는 실용예술 중 하나이다. 네일 디자인의 행위는 네일(손톱·발톱)에 위협을 가하지 않아야 하며, 보건위생법을 위반하지 않아야 한다.

네일 디자인은 먼저, 재료(네일 팔리쉬, 젤 팔리쉬, 칼라 파우더, 아크릴릭 물감 등)를 선택하고 적절한 색상과 형태를 계획한 다음 스케치를 하여 완성하려는 네일 디자인을 가시화 시켜야 한다.

네일 디자인이 추구하는 목적은 크게 두 가지이다.

첫째는 개인의 개성과 욕구를 고려한 살롱 트렌드 네일아트이다. 이것은 인간의 장식적인 욕구를 충족시킬 수 있고 개인의 삶의 질을 향상시켜 인간의 행복지수를 높이는 것을 목적으로 한다.

둘째는 인간의 예술적인 창작활동으로 전시회, 작품집, 화보 촬영을 위하여 다양한 재료를 사용해 예술적 영감을 표현하는 네일아트 작품활동이다.

살롱 트렌드 네일아트의 경우 고객과 충분히 이야기를 나누고 미리 제작해 놓은 디자인 샘플 중 고객이 직접 고르거나 잡지, 인터넷 검색 등을 통해 다양하게 응용할 수 있다.

이 때, 고려해야 할 것은 고객의 네일(손톱·발톱) 모양, 손·발 피부 색상, 직업, 의상과 모임의 성격 등이다.

## 1. 점

점은 디자인의 구성요소들 중 가장 작은 단위이며 가장 기본적인 단위이다. 점은 고정된 느낌을 나타내지만 점의 수, 위치, 밝기, 색상, 크기, 표현 재료 등에 따라 모양이나 움직임, 공간감을 나타낼 수 있고 독특한 느낌을 전달할 수 있다.

점과 점 사이의 간격이 좁으면 빠르고 수축된 느낌을 주고, 점과 점 사이의 간격이 넓으면 느린 느낌을 주게 된다. 또한 점의 크기를 점점 크거나 작게 하면서 운동감이나 공간감을 줄 수도 있으며, 점과 점을 겹치면 새로운 형태를 만들 수도 있다.

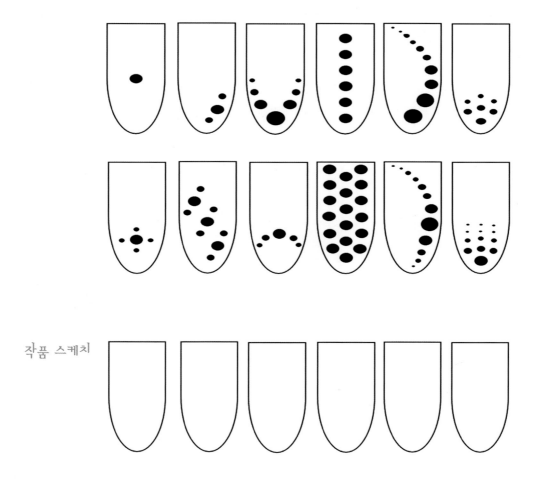

작품 스케치

## 2. 선

    선은 2개 이상의 점이 연결되어 어떤 방향으로 움직여질 때 형성되고 위치와 방향을 가진다. 선은 무언가를 표현할 때 가장 기본적인 요소로서 그림을 그리는데 매우 중요한 요소 중 하나이다. 또 형태를 그리는 것 외에 명암, 강약, 질감, 움직임의 표현에 유용하게 쓰이며 길이, 굵기, 방향, 밝기, 재료, 선과 선 사이의 간격에 따라 리듬감과 감정을 전달할 수 있다.

    점의 연결방향에 따라서 속도감, 긴장감, 직접성, 예리함, 명쾌함, 간결함 등의 느낌을 전달하는 직선과 유연성, 풍요로움, 우아함, 간접성, 경쾌함 등의 느낌을 전달하는 곡선이 결정된다. 직선은 남성적인 느낌이 강하고, 곡선은 대체적으로 여성적인 느낌이 강하다고 할 수 있다.

    선은 가는 선과 굵은 선이 있으며 각도에 따라 수평선, 수직선, 대각선이 있다. 가는 선은 섬세함과 예민함의 느낌을 주고, 굵은 선은 대담함과 둔탁한 느낌을 준다. 수평선은 평평함과 균형감을 주고 수직선은 굳건함과 상승감의 느낌을 준다. 대각선은 역동성의 느낌을 전달할 수 있다.

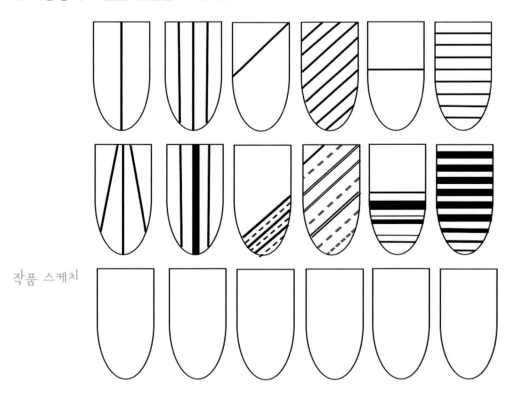

작품 스케치

① **수평선**: 평온, 안정, 정적, 고요, 평화, 차분, 침착 등

② **수직선**: 존엄, 위엄, 품위, 안정, 확고, 힘, 내구성, 열망 등

③ **대각선**: 운동, 극적인 움직임, 활동, 흥분, 불안 등

④ **곡선**: 움직임, 활동, 안락, 안전, 이완, 편안함 등

⑤ **지그재그선**: 에너지, 혼란, 뒤흔들림, 흥분, 불안, 소란, 격분, 열광 등

⑥ **울퉁불퉁한선**: 움직임, 불연속성 등

작품 스케치

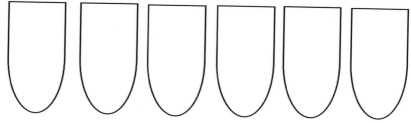

## 3. 면

면은 여러 개의 점과 선이 모여 만들어지는 것으로, 점과 선이 반복되어 면을 만들게 된다. 그리고 면들이 모여 입체를 형성한다.

점과 선이 만나는 것에 따라 길이와 넓이를 가지는 평면과 곡면, 그 외 다양한 면이 만들어진다. 면에 색채 효과를 주어 공간이나 입체감을 주는 것도 가능하며, 면을 나누거나 여러 면을 겹쳐 새로운 면을 만들 수도 있다.

면에는 세 가지 기초적인 면이 있는데 삼각형, 사각형, 원형이다. 각 면들은 각각의 독창적인 특성이 있고 각각 다른 느낌을 준다.

면은 또한 기하학적 도형과 유기적 도형으로 분류된다. 기하학적 도형은 명확한 각도에 곧은 선들로 둘러싸인 면이다. 유기적 도형은 자유롭게 흐르는 선들로 둘러싸여진 부분에 만들어진 면이다.

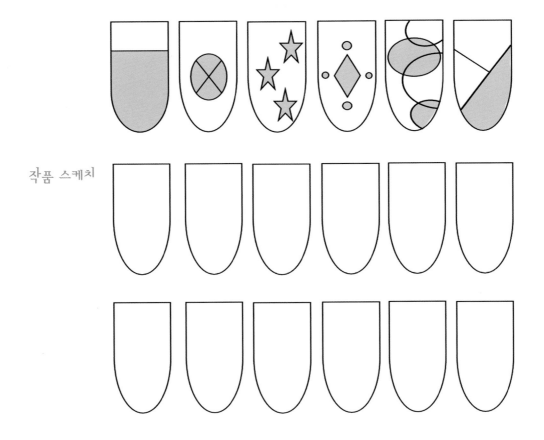

작품 스케치

## 4. 형과 형태

    점, 선, 면이 만나 생긴 윤곽선의 모양, 즉 사물의 모양을 형과 형태라고 한다. 직선형, 곡선형, 기하학적형, 비기하학적형 등 다양하다. 인공적 느낌의 기하학적 형은 수학적인 법칙과 질서로 만들어진 규칙적인 반복이며, 비기하학적형은 식물과 같이 자연발생적 특징을 가진다.

    형과 형태를 혼동하는 경우가 종종 있는데, 평면 상태의 2차원적인 형(shape)에 원근감과 깊이감이 포함된 입체 상태의 3차원을 형태(form)라고 한다. 따라서 형은 평평한 것으로 보이는 형상이며, 형태는 입체적으로 보이는 형상을 의미한다. 그래서 형과 형태는 공간의 요소와 함께 공간을 구성하는 모든 요소들을 포함하는 개념이라고 할 수 있다.

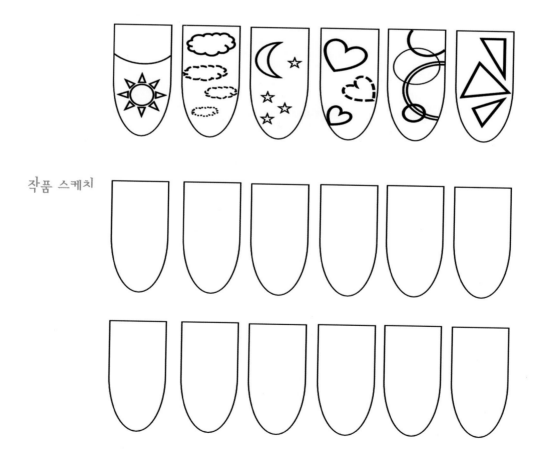

작품 스케치

## 5. 구도

구도는 소재, 형, 형태, 색 등 모든 요소를 명암, 조화, 원근법 등을 고려하여 네일(손톱 · 발톱) 안에 짜임새 있고 균형감 있게 배열하는 것을 말한다. 네일(손톱 · 발톱)의 구도에는 손발톱 한 개의 구도가 있으며 다섯 개의 구도와 열 개의 구도, 손톱과 발톱을 다 합한 스무 개의 구도로 생각해 볼 수 있다. 네일 디자인에서 손발톱의 화면을 조화롭게 구성하려면 몇 개의 손발톱을 디자인할 것인가를 먼저 생각해야 한다. 구도는 디자인의 구성 원리와도 밀접한 관계를 갖고 있다.

| 원형 구도 | 삼각형 구도 | 역삼각형 구도 | 마름모 구도 | 좌우대칭 구도 |
|---|---|---|---|---|
| 안정<br>통일<br>부드러움<br>원만함 | 안정<br>통일<br>듬직<br>강함<br>동적 | 동적<br>불안<br>상승<br>변화 | 동적<br>변화<br>포위감 | 동적<br>안정 |
| **수평 구도** | **수직 구도** | **수직수평 구도** | **십자 구도** | **상하대칭 구도** |
| 평화<br>안정<br>고요 | 상승<br>하강<br>엄숙<br>고요 | 견실<br>안정 | 넓음<br>동적<br>변화<br>통일<br>질서 | 편안<br>안정<br>보편 |
| **대각선 구도** | **U자 구도** | **C구도** | **S 구도** | **부채꼴 구도** |
| 불안<br>속도<br>방향<br>공간<br>깊이 | 율동<br>유연<br>통일 | 변화<br>움직임 | 율동<br>유연 | 율동<br>변화<br>통일<br>퍼져나감 |

## 6. 디자인의 구성 원리

① **조화:** 각 요소들이 어울려 아름다움을 조성한다. 두 가지 요소 이상의 적절한 배합을 의미한다. 요소 상호 간 공통성과 동시에 어떤 차이가 있을 때 훌륭한 조화를 이룬다.

② **변화:** 화면을 구성하고 있는 구성 요소들의 크기, 형, 색채 등이 서로 다를 때에 느껴진다. 활력을 주는 요소로 과도할 경우에는 어지럽고 산만할 수 있다. 통일의 범위를 침해하지 않는 범위 내에서 이루어져야 한다.

③ **통일:** 질서를 부여하는 가장 큰 요인이다. 너무 과도할 경우에는 지루하고 단순하게 느껴진다. 정돈과 안정된 느낌의 단위이다. 형, 색, 재료 등의 미적 관계의 결합과 질서이다.

④ **균형:** 시각적인 안정감과 정적인 균형, 동적인 균형이 있다. 형태나 색채가 좌우 대칭인 균형과, 좌우의 색채와 형태가 다르면서 평형을 유지하는 비대칭의 균형이 있다. 또한 중앙의 한 점에서 방사되거나 중심점으로부터 원형을 이루는 방사 균형이 있다.

⑤ **비례:** 길이의 길고 짧은 차나 크기의 대소 차이를 말한다. 한쪽의 양이나 수가 증가하는 만큼 그와 관련된 다른 쪽의 양이나 수도 같이 증가하는 것을 말한다.

⑥ **율동:** 일정한 규칙 패턴의 반복, 질서, 통일성을 바탕으로 한 변화이다. 형이나 색 등이 반복되어 느껴지는 아름다운 운동감이다.

⑦ **반복:** 같은 형, 색, 크기 등의 동일한 요소나 대상 등을 두 개 이상 배열시켜 동적인 느낌을 주어 율동감을 느끼게 한다.

⑧ **방사:** 한 개의 점을 중심으로 이루어진다.

⑨ **점이:** 점진적으로 형태나 색채, 명도가 변해가는 것이다. 흔히 그라데이션 (gradation)이라고도 한다.

⑩ **강조:** 특정 부분을 강하게 하고 변화 있게 하는 요소이다. 어느 한 부분의 형태, 색, 크기들을 전혀 다른 것으로 배치 채색함으로써 생성되는 강한 긴장감이다.

⑪ **대비:** 서로 반대되는 요소가 인접해 있을 때 가장 강한 효과가 나타난다. 모든 시각적인 요소에 대하여 동적이고 극적인 분위기를 만드는 작용을 한다.

# 2 색

## 1. 색의 3요소

### 1) 색상(hue)

색의 3속성의 하나로 빨강, 파랑, 초록이라는 이름 등으로 서로 구별되는 특성을 말한다. 색조와 거의 같은 뜻으로 쓰이며 색상의 변화를 계통적으로 표시하기 위해서 색표를 둥근 모양으로 배열한 것을 색상환(色相環)이라고 한다.

### 2) 명도(brightness)

광도(光度)라고도 하며 색의 밝고 어두운 정도를 말한다. 색을 구별하는 감각적인 요소의 하나이다. 명도는 무채색 · 유채색 모두에서 나타나며 흰색에 가까울수록 명도가 높은 색인 고명도, 검정색에 가까울수록 명도가 낮은 저명도, 중간단계를 중명도라 한다. 물체의 색을 표시하는 먼셀표색계에서는 가장 어두운 검정색을 0으로, 가장 밝은 흰색을 10으로 하여 총 11단계로 구분한다.

### 3) 채도(chroma)

색의 맑고 탁함, 순수한 정도, 색의 강약(선명함)의 정도, 포화도를 나타내는 성질을 말한다. 유채색의 순수한 정도를 뜻하므로 순도라고도 한다. 유채색에만 있으며 회색을 섞을수록 채도는 낮아진다.

## 2. 색의 혼합

두 개 이상의 색을 혼합하는 것으로 혼색이라고 한다. 1차색인 마젠타, 옐로우, 시안을 3원색이라고 하며, 1차색을 혼합하면 2차색을 얻을 수 있다. 또 2차색에 1차색을 혼합하면 3차색이 만들어 진다.

### 1) 3원색

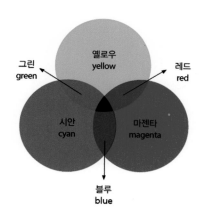

### 2) 보색

서로 대응하는 위치의 색. 이 두 색을 서로 상대에 대한 보색이라 한다. 보색들의 어울림을 보색대비라 한다.

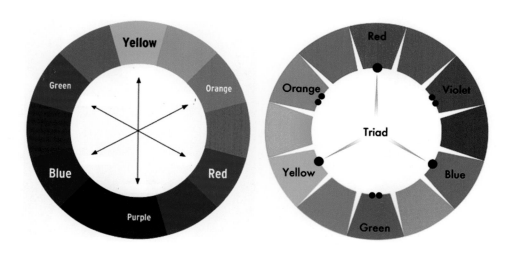

## 3) 색상 혼합 비율

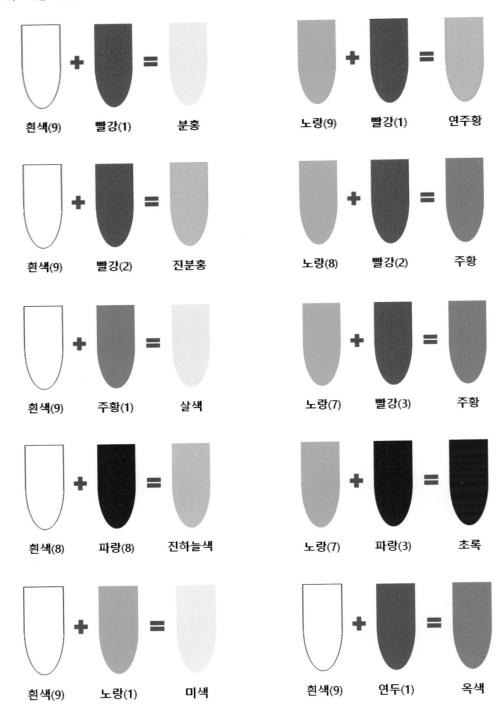

| 흰색(9) | 빨강(1) | 분홍 | | 노랑(9) | 빨강(1) | 연주황 |
| 흰색(9) | 빨강(2) | 진분홍 | | 노랑(8) | 빨강(2) | 주황 |
| 흰색(9) | 주황(1) | 살색 | | 노랑(7) | 빨강(3) | 주황 |
| 흰색(8) | 파랑(8) | 진하늘색 | | 노랑(7) | 파랑(3) | 초록 |
| 흰색(9) | 노랑(1) | 미색 | | 흰색(9) | 연두(1) | 옥색 |

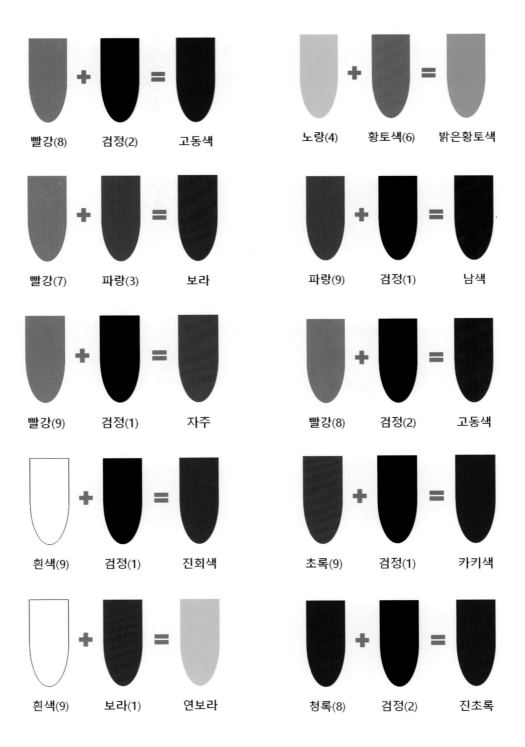

| 빨강(8) | 검정(2) | 고동색 |
|---|---|---|
| 빨강(7) | 파랑(3) | 보라 |
| 빨강(9) | 검정(1) | 자주 |
| 흰색(9) | 검정(1) | 진회색 |
| 흰색(9) | 보라(1) | 연보라 |

| 노랑(4) | 황토색(6) | 밝은황토색 |
|---|---|---|
| 파랑(9) | 검정(1) | 남색 |
| 빨강(8) | 검정(2) | 고동색 |
| 초록(9) | 검정(1) | 카키색 |
| 청록(8) | 검정(2) | 진초록 |

## 3. 톤의 이해

톤(tone)이란 색채의 3속성 중 명도와 채도의 합친 개념이며 색조라고도 한다. 명도와 채도를 연계하면 일정한 특징을 나타내는 12개의 군으로 나뉘고 배색을 할 시에는 아주 중요한 요소가 된다.

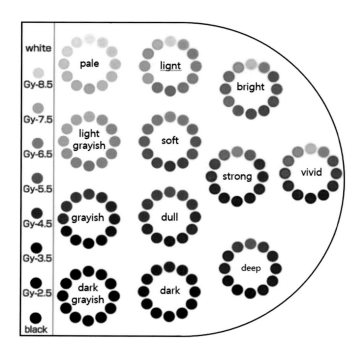

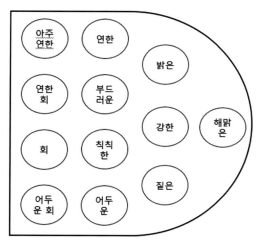

# ③ 네일 디자인 재료

## 1) 팁 스탠드(Tip Stand)

인조 손톱을 고정하는 도구이며, 스펀지,
나무, 플라스틱 등 다양한 재질로 되어 있다.

## 2) 양면 테이프(Double-Sided Tape)

인조 팁을 팁 스탠드에 고정할 때 사용한다.

## 3) 파일(File)

인조손톱이나 자연손톱의 모양을 정리하고
베이스의 밀착력을 높이기 위해 팁 표면을
거칠게 밀어준다.

## 4) 탑 젤(Top Gel)

젤 폴리쉬 색상, 디자인의 보호 및 광택을 위해 마무리에 사용하며, 디자인에 따라 무광 느낌을 내기 위해 부분적으로 사용하기도 한다.

## 5) 탑 코트(Top Coat)

폴리쉬 색상, 디자인의 보호 및 광택을 위해 마무리에 사용하며, 디자인에 따라 중간 단계에 사용하기도 한다.

## 6) 인조 팁(Nail Tip)

손톱 팁, 발톱 팁, 롱팁 등 다양한 사이즈와 모양(Shape)이 있다.

# 제2장 포크 아트

## Folk Art

# 1 포크 아트(Folk Art)의 유래

포크 아트(Folk Art)는 16세기에서 17세기에 걸쳐 유럽의 서민 계층에서 가구나 일상용품을 아름답게 장식하기 위하여 시작되었다. 이후 퇴색한 목재 가구나 일상생활용품에 꽃과 풍경을 그리는 민속예술 또는 전통예술이 18세기 말부터 미국으로 건너가 현대에 전해져 내려오게 되었다. 포크 아트는 각 나라마다 고유의 스타일과 독특한 장르를 형성하여 발전하였다. 전통적인 장식 기술을 토대로 다양한 소재를 가지고 그림을 넓은 벽이나 유리, 철재, 유리 도자기, 직물, 캔버스, 함석, 시멘트 등 다양한 소재에 구애받지 않고 일상생활용품부터 작은 소품에 이르기까지 어떤 소재에도 자유롭고 다양하게 표현할 수 있다. 포크 아트는 아크릴릭 물감으로 소재의 제약 없이 그릴 수 있으며 일상생활용품의 모든 것이 예술 표현의 소재가 되고 자유로운 표현기법으로 발전하였으며, 미(美)의 장식예술로서 네일아트(Nail Art)에도 포크 아트 기법을 응용하여 아름답게 표현할 수 있다.

네일아트에 포크아트가 유행한 시기는 2000년도부터이며, 아크릴릭 물감은 지워지지 않아 개성을 표현하기 위해 청바지나 옷감 등에도 그릴 수 있는 장점이 있다.

## ② 포크 아트 브러시

### 1) 브러시 명칭

① **납작붓**: 꽃이나 꽃잎, 베이스, 더블 로딩, 사이드 로딩, C스트로크, S스트로크, 쉐딩, 장미, 물고기, 나뭇잎을 그릴 때 사용한다.

② **앵글붓**: 사선 브러시라고도 하며, 기본 장미를 그릴 때 사용한다.

③ **둥근 브러시(Round Brush)**: 둥글면서 끝이 뾰족하고 가장 가는 호부터 다양하며, 데이지와 다양한 스트로크를 응용할 때 사용한다.

④ **라이너 브러시(Liner Brush)**: 세밀한 선(직선, 곡선)을 그릴 때 사용한다.

⑤ **필벗 브러시(Filbert Brush)**: 납작하면서 끝이 둥근 브러시이며, 나뭇잎과 데이지, 국화, 다양한 기본 스트로크를 응용할 때 사용한다.

⑥ **곰붓**: 털을 표현하거나 나뭇잎을 찍어서 표현할 때 사용한다.

⑦ **세필붓**: 글씨를 쓰거나 잎맥을 표현하는 굵은 선을 그릴 때 사용한다.

⑧ **도트봉(Dot Pen)**: 양끝이 둥글고, 점을 찍을 때 사용한다.

| 납작붓 | 앵글붓 | 둥근붓 | 라이너붓 | 필벗붓 | 곰붓 | 세필붓 | 도트봉 |
|---|---|---|---|---|---|---|---|
| 사이드로딩<br>더블로딩<br>C 스트로크<br>S 스트로크<br>꽃<br>꽃잎 | 사이드로딩<br>버블로딩<br>C 스트로크<br>S 스트로크<br>꽃<br>꽃잎 | 끝이 뾰족한<br>둥근 꽃잎<br>세부묘사<br>콤마스트록<br>데이지 | 세밀한선<br>가는선<br>곡선 | 납작하면서<br>끝이 둥근꽃<br>콤마스트록<br>데이지 | 털표현<br>나뭇잎찍기 | 글씨<br>선<br>잎맥 | 점찍기 |

포크아트의 표현방법은 크게 풀 로딩, 사이드 로딩, 더블 로딩으로 구분하고, 브러시 사용법, 방향에 따라 더 세분화 할 수 있다.

✛ **퍼팅** : 브러시에 물감을 묻혀 주는 것
✛ **로딩** : 브러시에 퍼팅한 물감을 한 방향으로 자연스럽게 그라데이션 하는 것

### 1) 기본 기법

① **풀 로딩(Full Loading)**

납작 브러시 전체에 아크릴릭 물감을 한 가지 색만 퍼팅하는 기법으로 주로 베이스 작업을 할 때 사용한다.

② **사이드 로딩(Side Loading)**

플로팅(Floating)이라고도 하며, 명암(어둠, 밝음)을 표현하기 위해 납작 브러시를 2등분으로 나누어 한쪽에 퍼팅하여 한 방향으로 퍼팅한다. 밝은 색을 퍼팅하는 것은 하이라이트, 어두운 색을 퍼팅하는 것은 쉐딩이라고 하는데, 사이드와 하이라이트(그림자, 입체감)를 표현할 때 사용되며, 붓의 절반에 물감을 묻히고 그라데이션 한다.

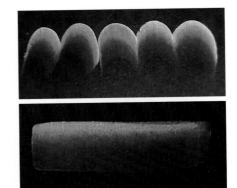

③ **더블 로딩(Double Loading)**

납작, 앵글, 필벗 브러시를 2등분으로 나누어 좌에는 밝은 색을 퍼팅(하이라이트), 위에는 어두운 색(쉐이드)을 묻혀 양 방향으로 그라데이션 해주어 로딩 하도록 한다.

### ③ C스트로크(C-Stroke)

시작은 힘을 빼고 중간부터 브러시의 넓이만큼 펴서 내려온 후 끝을 들어주면서 당겨 C자 형태를 그린다.

### ④ S스트로크(S-Stroke)

시작은 힘을 빼고 브러시의 넓이만큼 펴서 내려오다 끝은 힘을 빼고 S자 형태를 그린다. 그라데이션 S스트로크는 납작 브러시를 2등분으로 나누어 좌에는 밝은 색을 퍼팅(하이라이트), 위에는 어두운 색(쉐이드)을 묻혀 양 방향으로 그라데이션 해주어 로딩하여 S형태를 그린다.

### ⑤ 콤마스트로크(Comma-Stroke)

필벗 브러시 전체에 아크릴릭 물감을 퍼팅해 브러시 끝을 힘주어 눌렀다 45도로 들어주면서 콤마를 찍어주도록 하는데, 데이지 스트로크에 응용한다.

⑥ 라인(Line)

롱라인 브러시에 아크릴릭 물감을 퍼팅하여 나뭇잎 줄기, 넝쿨 외 다양한 선을 그린다.

⑦ 도트(Dot)

도트펜에 아크릴릭 물감을 묻혀 도트를 찍을 때 사용하는데, 홀수로 구성해야 조화롭다. 삼각구도, 사각구도, 오각구도 등이 있다.

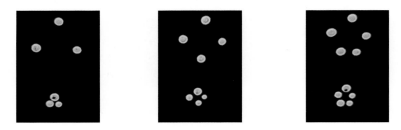

⑧ 스텐실(Stencil)

곰의 털이나 풀숲, 나뭇잎 등을 찍어서 표현할 때 사용한다.

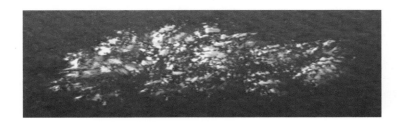

## 2) 응용 기법

### ① 데이지 (Daisy)

### ② 장미 (Rose)

### ③ 카네이션 (Carnation)

④ 수국 (Hydrangea)

⑤ 나뭇잎 (Leaf)

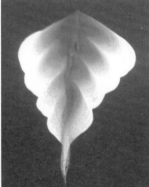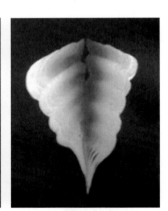

## 3) 응용작품

### ① 데이지 (Daisy)

② 장미 (Rose)

③ 카네이션 (Carnation)

④ 수국 (Hydrangea)

## 4) 네일 포크아트 응용

### ① 데이지 (daisy)

\* 시술재료

필벗 브러시, 라이너 브러시, 라운드 브러시, 글리터, 탑코트, 팔레트, 아크릴릭 물감, 물통

\*\* 시술과정

**Step 1.** 인조 팁의 모양을 잡고 팁 스탠드에 고정 시킨다.

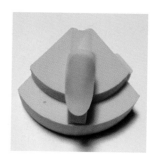

**Step 2.** 샌딩을 사용하여 팁 표면을 버핑 한다.

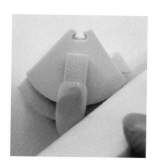

**Step 3.** 바탕색을 폴리쉬 또는 아크릴릭 물감 (2Coat)을 바른다.

**Step 4.** 필벗 브러시를 이용해 꽃잎(콤마스트로크)
을 그린다.

**Step 5.** 필벗 브러시로 꽃 중심을 사이드 로딩
한다.

**Step 6.** 가운데 수술을 그릴 자리를 남겨두고 꽃
잎을 전체적으로 둥글게 그린다.

**Step 7.** 도트봉을 이용하여 구도에 맞게 점을 찍
고, 라이너 브러시를 이용해 나뭇잎과 꽃
의 밖으로 선(오버스트로크)을 그린다.

**Step 8.** 탑 코트를 발라 지워지는 것을 방지하고
광택을 준다.

〈데이지 완성〉

작품명

Concept 및 재료

시술 방법

작품 스케치

작품 붙이기

## ② 콤마 데이지 (comma daisy)

\* 시술재료

필벗 브러시, 라이너 브러시, 라운드 브러시, 글리터, 탑코트, 팔레트, 물통, 아크릴릭 물감

\*\* 시술과정

**Step 1.** 인조 팁의 모양을 잡고 팁 스탠드에 고정시킨다.

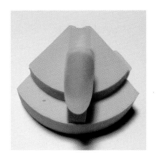

**Step 2.** 샌딩을 사용하여 팁 표면을 버핑 한다.

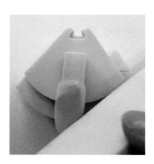

**Step 3.** 바탕색을 폴리쉬 또는 아크릴릭 물감 (2Coat)을 바른다.

**Step 4.** 필벗 브러시를 이용해 꽃잎(콤마스트로크)을 겹쳐지도록 그린다.

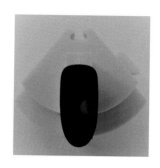

**Step 5.** 필벗 브러시를 이용해 꽃잎(콤마스트로크) 5장을 그린다.

**Step 6.** 드라이브러시 기법을 이용하여 꽃잎의 색을 그라데이션하며 하이라이트까지 넣어준다.

**Step 7.** 라이너 브러시를 이용해 나뭇잎과 꽃의 밖으로 선(오버스트로크)을 그린다. 도트봉을 이용하여 구도에 맞는 점을 찍어준다.

**Step 8.** 라이너 브러시를 사용하여 꽃잎과 잎사귀에 라인을 그려 입체감을 더해준다.

**Step 9.** 탑 코트를 발라 지워지는 것을 방지하고 광택을 준다.

〈콤마데이지 완성〉

작품명

Concept 및 재료

시술 방법

작품 스케치

작품 붙이기

### ③ 과일 (Fruit)

\* 시술재료

필벗 브러시, 라이너 브러시, 라운드 브러시, 글리터, 탑코트, 팔레트, 물통, 아크릴릭 물감

\*\* 시술과정

**Step 1.** 인조 팁의 모양을 잡고 팁 스탠드에 고정
시킨다.

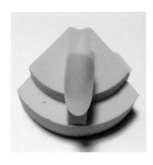

**Step 2.** 샌딩을 사용하여 팁 표면을 버핑 한다.

**Step 3.** 바탕색을 폴리쉬 또는 아크릴릭 물감
(2Coat)을 바른다.

**Step 4.** 필벗 브러시로 과일 모양(사과, 배, 딸기, 포도, 체리 등)을 그린다.

**Step 5.** 기본 과일을 그려준 후, 색을 2~3회 덧입히도록 한다.

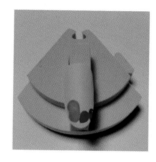

**Step 6.** 드라이브러시 기법을 이용하여 과일의 색을 그라데이션 하며 하이라이트까지 넣어준다.

**Step 7.** 라이너 브러시를 이용해 나뭇잎과 꽃의 밖으로 선(오버스트로크)을 그린다.

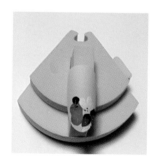

**Step 8.** 탑 코트를 발라 지워지는 것을 방지하고
광택을 준다.

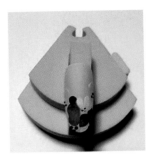

〈과일 완성〉

작품명

Concept 및 재료

시술 방법

작품 스케치

작품 붙이기

작품 붙이기

## ④ 해바라기 (Sunflower)

* 시술재료

필벗 브러시, 라이너 브러시, 라운드 브러시, 글리터, 탑코트, 팔레트, 물통, 아크
릴릭 물감

** 시술과정

**Step 1.** 인조 팁의 모양을 잡고 팁 스탠드에 고정
　　　　　시킨다.

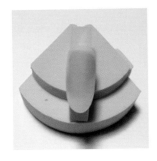

**Step 2.** 샌딩을 사용하여 팁 표면을 버핑 한다.

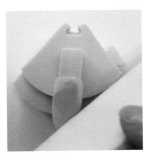

**Step 3.** 바탕색을 폴리쉬 또는 아크릴릭 물감
　　　　　(2Coat)을 바른다.

**Step 4.** 필벗 브러시 또는 라운드 브러시를 이용하여 수술이 들어갈 부분에 먼저 동그라미를 그리고 S스트로크로 꽃잎을 그린다.

**Step 5.** 꽃잎을 그릴 때 간격을 띄우고 그릴 수 있도록 한다.

**Step 6.** 해바라기 꽃잎과 꽃잎 사이에 꽃잎을 다시 겹쳐지도록 그린다.

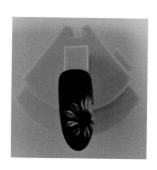

**Step 7.** 꽃잎을 완성한 후 도트봉을 이용하여 꽃의 중심에 잎사귀와 도트를 이용하여 점을 찍어준다.

**Step 8.** 잎사귀와 꽃의 주변에 포인트아트를 넣어
주도록 한다

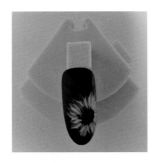

**Step 9.** 탑 코트를 발라 지워지는 것을 방지하고
광택을 준다.

〈해바라기 완성〉

작품명

Concept 및 재료

시술 방법

작품 스케치

작품 붙이기

작품 붙이기

## ⑤ 수국 1 (Hydrangea)

\* 시술재료

필벗 브러시, 라이너 브러시, 라운드 브러시, 납작 브러시, 글리터, 탑코트,
팔레트, 물통, 아크릴릭 물감

\*\* 시술과정

**Step 1.** 인조 팁의 모양을 잡고 팁 스탠드에 고정
시킨다.

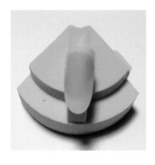

**Step 2.** 샌딩을 사용하여 팁 표면을 버핑 한다.

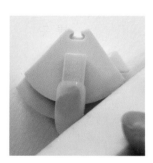

**Step 3.** 바탕색을 폴리쉬 또는 아크릴릭 물감
(2Coat)을 바른다.

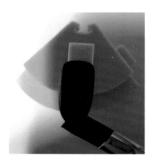

**Step 4.** 납작 브러시로 더블로딩하여 시작점을 찍
어준 후, 45도 각도로 C스트로크를 그린다.

**Step 5.** 콤파스를 돌리는 것과 같은 방법으로
C스트로크를 이용하여 꽃잎 5개를 연결
하여 그린다.

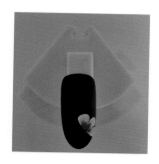

**Step 6.** 중심꽃의 위 아래에도 꽃잎 3개 또는 2개
를 구도에 맞게 그린다.

**Step 7.** 꽃잎을 완성 후 꽃의 중심에 도트를 이용
하여 점을 찍거나, 스톤을 붙인다.

**Step 8.** 탑 코트를 발라 지워지는 것을 방지하고
광택을 준다.

〈수국1 완성〉

작품명

Concept 및 재료

시술 방법

작품 스케치

작품 붙이기

## ⑥ 수국2 (Hydrangea)

\* 시술재료

필벗 브러시, 라이너 브러시, 라운드 브러시, 납작 브러시, 글리터, 탑코트,
팔레트, 물통, 아크릴릭 물감

\*\* 시술과정

**Step 1.** 인조 팁의 모양을 잡고 팁 스탠드에 고정
시킨다.

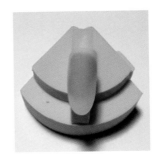

**Step 2.** 샌딩을 사용하여 팁 표면을 버핑 한다.

**Step 3.** 바탕색을 폴리쉬 또는 아크릴릭 물감
(2Coat)을 바른다.

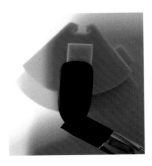

**Step 4.** 납작 브러시를 더블로딩하여 시작점을 찍어준 후, 45도 각도로 C스트로크를 물결 모양처럼 쭈글쭈글 하게 그린다.

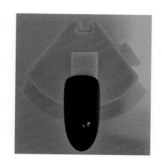

**Step 5.** C스트로크를 물결 모양처럼 쭈글쭈글 하게 꽃잎을 연결하여 그린다.

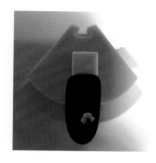

**Step 6.** 중심꽃의 위 아래에 꽃잎을 연결하여 입체적인 꽃잎이 되도록 연결하여 그린다.

**Step 7.** 꽃잎을 완성 후 꽃의 중심에 도트를 이용하여 점을 찍거나, 스톤을 이용하여 붙인다.

**Step 8.** 탑 코트를 발라 지워지는 것을 방지하고
광택을 준다.

〈수국2 완성〉

작품명

Concept 및 재료

시술 방법

작품 스케치

작품 붙이기

### ⑦ 장미 (Rose)

* 시술재료

  필벗 브러시, 라이너 브러시, 라운드 브러시, 납작 브러시, 글리터, 탑코트,
  팔레트, 물통, 아크릴릭 물감

** 시술과정

**Step 1.** 인조 팁의 모양을 잡고 팁 스탠드에 고정
　　　　　시킨다.

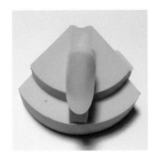

**Step 2.** 샌딩을 사용하여 팁 표면을 버핑 한다.

**Step 3.** 바탕색을 폴리쉬 또는 아크릴릭 물감
　　　　　(2Coat)을 바른다.

**Step 4.** 납작 브러시를 더블로딩하여 45도 각도
로 C스트로크를 n자 모양으로 그린다.

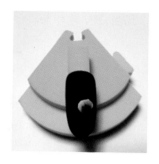

**Step 5.** C스트로크로 U모양으로 꽃봉오리를
그린다.

**Step 6.** C스트로크를 이용하여 꽃봉오리 옆에 꽃
잎을 연결한다.

**Step 7.** 구도에 어울리게 꽃잎들을 자연스럽게 연
결하여 그린다.

**Step 8.** 중심꽃의 위 아래에 꽃잎들을 연결하고
구도에 어울리게 도트봉으로 점을 찍는다.

**Step 9.** 탑 코트를 발라 지워지는 것을 방지하고
광택을 준다.

〈장미 완성〉

작품명

Concept 및 재료

시술 방법

작품 스케치

작품 붙이기

# 제3장
# 아크릴릭 네일아트
## Acrylic Nail Art

## 1 아크릴릭 엠보

아크릴릭(Acrylic) 또는 스컬프처드 네일(Sculptured Nail)이라고도 하며, 아크릴릭 파우더와 리퀴드를 혼합하여 만드는 방법이며 매우 단단한 인조 네일이다.

아크릴릭 네일은 자연 네일, 인조 네일 위에 보강, 연장, 변형시키는 데도 사용하며 물어뜯는 네일이나 상해를 입은 네일을 보수를 할 수 있으며, 고객이 원하는 어떠한 모양도 가능하여 손톱을 보강하는데 많이 사용되어지고 있다. 아크릴릭 네일아트는 아크릴릭 파우더를 이용하여 기본 디자인 아트와 엠보 디자인 아트, 3D 아트 등으로 입체적이고 창의적인 디자인을 할 수 있다. 아크릴릭 아트는 컬러 파우더와 아크릴릭 리퀴드, 아크릴릭 브러시를 사용하여 원하는 디자인을 브러시로 반죽하듯 누르고 쓸어주는 과정의 반복으로 만들어진다. 디자인 후 오버레이하지 않고 올록볼록하게 반입체적으로 표현하는 것을 아크릴릭 엠보 디자인 기법이라고 한다.

**\* 아크릴릭 네일아트를 위해 알아야 할 것**

### ① 꽃 볼 만들기
아크릴릭 리퀴드(모노머)를 브러시에 흐르지 않게 적당량을 적셔서 아크릴릭 파우더에 브러시 끝을 살짝 돌리면서 브러시 끝에 볼이 동글동글하고 통통하게 만든 후 자연손톱 또는 팁에 올려 원하는 모양을 만들어줄 수 있다.

### ② 선 그리기
아크릴릭 리퀴드를 브러시에 적당량을 적셔서 아크릴릭 파우더를 브러시 면에 살짝 찍듯이 볼을 만든 후 자연손톱 또는 팁에 브러시를 뉘어 흐르듯이 그려줄 수 있다.

브러시에 적시는 리퀴드(모노머)양이 적으면 작은 볼이 형성되고 양이 많으면 큰 볼이 만들어지므로 리퀴드(모노머)의 양 조절을 잘 하여야 한다.

### 1) 땡땡이 꽃

\* 시술재료

프라이머, 리퀴드(모노머), 파우더, 아크릴릭 브러시, 다펜디쉬, 컬러 파우더, 100% 아세톤

\*\* 시술과정

**Step 1.** 인조 팁의 모양을 잡고 팁 스탠드에 고정 시킨다.

**Step 2.** 샌딩을 사용하여 팁 표면을 버핑 한다.

**Step 3.** 바탕색을 폴리쉬 또는 아크릴릭 컬러파우 더로 그라데이션 한다.

**Step 4.** 기본 파우더 또는 컬러파우더를 이용하여 꽃잎을 만들도록 한다. 단, 동글동글하고 통통하게 오각형의 모양으로 만들어야 한다.

**Step 5.** 꽃잎의 모양은 일정하지 않고 크기가 각각 다른 것이 생동감을 주며 자연스럽다.

**Step 6.** 꽃잎의 간격이 너무 벌어지거나 붙지 않도록 적절하게 5개 꽃잎을 만들어준다.

**Step 7.** 컬러파우더를 이용해 꽃 수술을 만들고 포인트를 준다.

**Step 8.** 중심꽃의 위 아래에 2개나 3개의 꽃잎을
연결해서 만들어준다.

**Step 9.** 아크릴릭 전용 탑 코트를 발라 아크릴릭의
색이 변하는 것을 방지하고 광택을 준다.

〈땡땡이 꽃 완성〉

작품명

Concept 및 재료

시술 방법

작품 스케치

작품 붙이기

작품 붙이기

## 2) 긴꽂

* 시술재료

프라이머, 리퀴드(모노머), 파우더, 아크릴릭 브러시, 다펜디쉬, 컬러 파우더, 100% 아세톤

** 시술과정

**Step 1.** 인조 팁의 모양을 잡고 팁 스탠드에 고정 시킨다.

**Step 2.** 샌딩을 사용하여 팁 표면을 버핑 한다.

**Step 3.** 바탕색을 폴리쉬 또는 아크릴릭 컬러파우 더로 그라데이션 한다.

**Step 4.** 기본 파우더 또는 컬러파우더를 이용하여
꽃잎을 만드는데, 꽃잎의 앞과 뒤를 길게
당겨 길쭉한 모양으로 만들도록 한다.

**Step 5.** 파우더의 앞과 뒤를 길게 빼 꽃잎을 오각
형의 모양으로 만들어야 한다.

**Step 6.** 다섯 개의 꽃잎이 일정하게 균형 있게 들
어가도록 만들어 준다. 이때 긴꽃은 잎사
귀로 응용할 수 있다.

**Step 7.** 컬러파우더를 이용해 꽃 수술을 만들고
포인트를 준다. 중심꽃의 위쪽으로 날리는
꽃잎을 만들어 준다.

**Step 8.** 아크릴릭 전용 탑 코트를 발라 아크릴릭
의 색이 변하는 것을 방지하고 광택을
준다.

〈긴 꽃 완성〉

작품명

Concept 및 재료

시술 방법

작품 스케치

작품 붙이기

### 3) 모란 꽃

* 시술재료

프라이머, 리퀴드(모노머), 파우더, 아크릴릭 브러시, 다펜디쉬, 컬러 파우더, 100% 아세톤

** 시술과정

**Step 1.** 인조 팁의 모양을 잡고 팁 스탠드에 고정 후, 샌딩을 사용하여 팁 표면을 버핑 한다.

**Step 2.** 바탕색을 어두운 계열의 아크릴릭 컬러파우더로 그라데이션 한다.

**Step 3.** 윗면이 평평하도록 잘 다독인다.

**Step 4.** 기본 파우더 또는 컬러파우더를 이용하여
꽃잎을 만든다.

**Step 5.** 삼각형 모양으로 꽃잎을 만들어주고 꼭지
점이 나올 수 있도록 한다. 꽃잎의 수는
세개 잎 또는 다섯개 잎의 홀수로 만든다.

**Step 6.** 꽃잎과 꽃잎사이에 꽃잎을 겹치고 수술을
만든다.

**Step 7.** 땡땡이 꽃과 긴 꽃을 응용하여 잎사귀를
표현하고 포인트를 준다.

**Step 8.** 아크릴릭 전용 탑 코트를 발라 아크릴릭의
색이 변하는 것을 방지하고 광택을 준다.

〈모란 꽃 완성〉

작품명

Concept 및 재료

시술 방법

작품 스케치

작품 붙이기

작품 붙이기

## 4) 장미꽃 1

* 시술재료

프라이머, 리퀴드(모노머), 파우더, 아크릴릭 브러시, 다펜디쉬, 컬러 파우더,
100% 아세톤

** 시술과정

Step 1. 인조 팁의 모양을 잡고 팁 스탠드에 고정
　　　　 시킨다.

Step 2. 샌딩을 사용하여 팁 표면을 버핑 한다.

Step 3. 바탕색을 폴리쉬 또는 아크릴릭 컬러파우
　　　　 더로 그라데이션 한다.

**Step 4.** 기본 파우더 또는 컬러파우더를 이용하여
꽃잎을 만든다.

**Step 5.** 양끝을 브러시로 눌러 얇게 펴고, 꽃잎은
다섯개 잎을 만든다.

**Step 6.** 꽃잎과 꽃잎 사이에 꽃잎을 겹치고 수술
을 만들어 준다. 위로 겹쳐지는 꽃잎은 세
개가 되도록 만든다.

**Step 7.** 꽃 수술을 만들고 땡땡이 꽃과 긴 꽃을
응용하여 잎사귀를 표현하고 포인트를
준다.

**Step 9.** 탑 코트를 발라 아크릴릭의 색이 변하는
것을 방지하고 광택을 준다.

〈장미꽃Ⅰ 완성〉

작품명

Concept 및 재료

시술 방법

작품 스케치

작품 붙이기

## 5) 장미꽃 2

* 시술재료

프라이머, 리퀴드(모노머), 파우더, 아크릴릭 브러시, 다펜디쉬, 컬러 파우더, 100% 아세톤

** 시술과정

**Step 1.** 인조 팁의 모양을 잡고 팁 스탠드에 고정 시킨다.

**Step 2.** 샌딩을 사용하여 팁 표면을 버핑 한다.

**Step 3.** 바탕색을 폴리쉬 또는 아크릴릭 컬러파우 더로 그라데이션 한다.

**Step 4.** 기본 파우더 또는 컬러파우더를 이용하여 꽃잎을 만들도록 한다. 양끝을 브러시로 눌러 얇게 펴고, 꽃잎의 위쪽을 브러시로 눌러 쭈글이 모양이 되도록 만든다.

**Step 5.** 꽃잎과 꽃잎 사이에 꽃잎을 겹치고 수술을 만든다.

**Step 6.** 다섯 개의 꽃잎을 균형 있게 만든다.

**Step 7.** 위로 겹쳐지는 꽃잎은 세 개 잎으로 만든다.

**Step 8.** 땡땡이 꽃과 긴 꽃을 응용하여 잎사귀를
표현하고 포인트를 준다.

**Step 9.** 아크릴릭 전용 탑 코트를 발라 아크릴릭
의 색이 변하는 것을 방지하고 광택을
준다.

〈장미꽃 2 완성〉

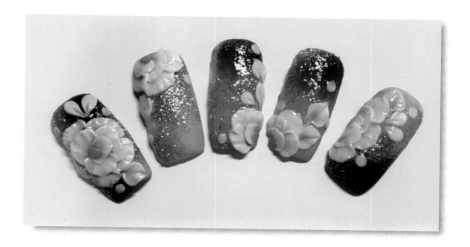

작품명

Concept 및 재료

시술 방법

작품 스케치

작품 붙이기

작품 붙이기

# ② 아크릴릭 디자인 스캅춰

## 1) 엠보 디자인

* 시술재료

프라이머, 리퀴드(모노머), 파우더, 아크릴릭 브러시, 다펜디쉬, 컬러 파우더, 100% 아세톤, 아크릴릭 폼, 100G파일, 180G파일, 샌딩, 탑 코트

** 시술과정

인조손톱의 모든 과정을 시술하기 전에는 사전 준비과정이 있다. 먼저 우드파일로 손톱의 모양을 잡고, 푸셔로 루즈스킨을 제거한 후, 손톱 표면에 약간의 흠을 내는 샌딩파일을 이용하여 에칭(etching) 작업을 한다. 그리고 더스트브러시로 더스트를 제거하고 마지막으로 손톱 방부제를 도포해 준다. 이 전처리 과정을 프레퍼레이션(preparation)이라고 한다.

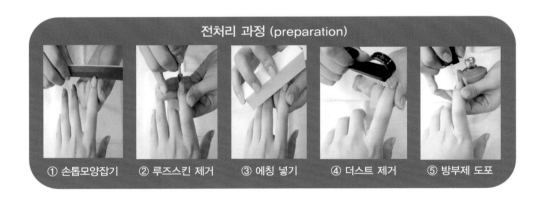

전처리 과정 (preparation)

① 손톱모양잡기  ② 루즈스킨 제거  ③ 에칭 넣기  ④ 더스트 제거  ⑤ 방부제 도포

**Step 1.** preparation 과정 후, 아크릴릭 폼을 끼운다.

**Step 2.** 프리에지부터 아크릴릭 파우더로 길이를
연장하여 베이스를 만든다.

**Step 3.** 클리어 파우더로 오버레이 후, 파우더가
굳으면 손톱 C-커브를 잡아준다.

**Step 4.** 아크릴릭 폼을 제거하고, 한번 더 C-커브
를 잡아 손톱 모양을 만들어 준다.

**Step 5.** 인조네일 파일로 표면정리를 한다.

**Step 6.** 기본 파우더 또는 컬러파우더를 이용하여 꽃잎을 만든다.

**Step 7.** 처음 기준이 되는 꽃잎은 세 개로 만든다.

**Step 8.** 꽃잎과 꽃잎 사이에 꽃잎을 겹치게 만든다.

**Step 9.** 꽃잎 사이에 꽃 수술을 만든다.

**Step 10.** 포인트와 잎사귀를 만들고 날리는 꽃잎
도 구도에 맞게 만들어 준다.

**Step 11.** 아크릴릭 전용 탑 코트를 발라 지워지는
것을 방지하고 광택을 준다.

작품명

Concept 및 재료

시술 방법

작품 스케치

작품 붙이기

## 2) 디자인 스캅춰

* 시술재료

프라이머, 리퀴드(모노머), 파우더, 아크릴릭 브러시, 다펜디쉬, 컬러 파우더, 100% 아세톤, 아크릴릭 폼, 100G파일, 180G파일, 샌딩, 탑 코트

** 시술과정

**Step 1.** preparation 과정 후, 아크릴릭 폼을 끼운다.

**Step 2.** 프리에지부터 아크릴릭 파우더로 길이를 연장하여 베이스를 만든다.

**Step 3.** 기본 파우더 또는 컬러파우더를 이용하여 기준이 되는 꽃잎을 만든다.

**Step 4.** 기준꽃잎을 중심으로 다섯 개를 만든다.

**Step 5.** 꽃잎 다섯 개를 만들고 난 후 가운데 포인트로 수술을 만든다.

**Step 6.** 꽃 수술을 만들고 날리는 꽃잎을 만들어 준다.

**Step 7.** 날리는 꽃잎과 구도에 어울리게 점을 찍어준다.

**Step 8.** 클리어 파우더를 이용하여 오버레이
한다.

**Step 9.** 아크릴릭이 완전히 굳기 전에 C-커브를
주어 손톱모양을 예쁘게 만들어 준다.

**Step 10.** 아크릴릭 폼을 제거하고 인조파일로 모
양을 만들고 표면을 정리한다.

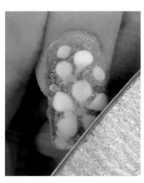

**Step 11.** 샌딩으로 표면을 매끄럽게 정리한다.

**Step 12.** 큐티클 오일도포 후 더스트를 제거한다.

**Step 13.** 탑 코트를 발라 지워지는 것을 방지하고
광택을 준다.

작품명

Concept 및 재료

시술 방법

작품 스케치

작품 붙이기

작품 붙이기

## ③ 아크릴릭 3D아트

'3D'란 3-Dimension의 약자로 3가지 차원의 점, 선, 공간으로 구성되어진 평면이 아닌 3차원의 입체적인 형태를 말한다. 우리가 생활하는 공간에서 물건을 다양한 방향과 각도에서 볼 수 있으며, 물건이 움직이는 것처럼 우리 주변 환경과 환경 속에 있는 물체를 우리가 보는 것과 같이 2차원 공간 안에서 표현되는 것이다. 네일 3D 아트는 컬러 아크릴릭 파우더와 브러시 클리너, 리퀴드(모노머)를 이용하여 입체적으로 디자인하여 아크릴릭 물감이나 인조보석, 참, 글리터 등을 함께 사용하기도 하며, 철사를 이용하여 뼈대를 만들고 아크릴릭 컬러파우더를 사용하여 입체적으로 디자인하는 기법이다.

3D아트는 창작성, 예술성을 갖춘 작품으로 평가받는 네일 디자인의 '꽃'으로 네일 디자인 테크닉의 절정이라고도 할 수 있다.

### 3D 아트를 하기 전에 알아야할 것!

1. 시술 재료는 아크릴릭 파우더 외 재료 일체와 호일, 핀셋 등이 필요하다.
2. 3D작품을 붙일 때는 아크릴릭 볼을 이용하거나 글루 또는 젤글루를 이용하여 붙인다.
3. 쉽게 작업하기 위해서 하고자 하는 모양을 호일에 먼저 그린 후 아크릴릭 볼을 올려 형태를 만들 수 있다.
4. 모양을 만들 때는 덜 굳었을 때 모양을 잡아줘야 원하는 디자인을 만들 수 있다.

### 1) 장미 꽃

* 시술재료

프라이머, 리퀴드(모노머), 파우더, 아크릴릭 브러시, 다펜디쉬, 컬러 파우더, 100% 아세톤, 호일, 탑 코트, 철사

** 시술과정

**Step 1.** 기본 파우더 또는 컬러파우더를 이용하여 호일 위에 동글동글하게 꽃잎을 만든다.

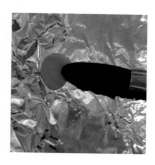

**Step 2.** 아크릴릭이 굳기 전에 핀셋으로 떼어낸다.

**Step 3.** 아크릴릭이 굳기 전에 철사에 말아서 꽃봉오리를 만든다.

**Step 4.** 아크릴릭이 굳기 전에 철사에 꽃잎 형태
를 만들면서 꽃잎을 붙인다.

**Step 5.** 꽃잎을 엇갈리게 겹치면서 붙여 꽃을 만들
어 준다. 완성된 꽃은 꽃다발처럼 만든다.

## 〈3D 장미 꽃 완성〉

## 〈3D 응용 네일아트〉

작품명

Concept 및 재료

시술 방법

작품 스케치

작품 붙이기

작품 붙이기

# 제4장 젤 네일아트
## Gel Nail Art

# 1 젤 네일 디자인

젤(Gel) 네일 디자인은 자연손톱이나 인조손톱 위에 젤 스캅춰하여 시술한다. 자외선(UV)이나 할로겐광, 발광다이오드광(LED)과 같은 특수한 빛에 노출해 응고시키는 라이트 큐어드젤(Light Cured Gel)과 젤 활성액(Activator)을 브러시하거나, 스프레이하여 응고시키는 노 라이트 큐어드 젤(No Light Cured Gel)이 있다. 라이트 큐어드 젤은 아세톤에 녹지 않아 일렉트릭 드릴 머신이나 파일로 갈아내야 하는 하드 젤과 아세톤이나 젤 전용 제거제에 녹는 소프트 젤이 있다. 다양한 색상의 컬러 젤과 폴리쉬 젤, 페인팅 젤, 엠보 젤 등으로 나누어져 있다.

## 라이트 큐어드 젤 네일의 특성

1. 투명도가 높으며 광택이 오래간다.
2. 냄새가 없어 어느 장소에서도 사용이 용이하다.
3. 자외선에 노출되지 않으면 굳지 않으므로 상온에서 자유자재로 만들 수 있다.
4. 컬러가 다양하여 원하는 작품을 만들 수 있다.
5. 리프팅이 잘 되지 않아 네일아트 작품이 오래 지속될 수 있다.

## ② 젤 네일 디자인 실습

### 1) 그라데이션과 지브라

* 시술재료

  프라이머, UV램프, 젤 브러시, 베이스 젤, 탑 젤, 컬러 젤, 젤 클리너, 100% 아세톤

** 시술과정

**Step 1.** 인조 팁의 모양을 잡고 팁 스탠드에 고정 시킨다.

**Step 2.** 샌딩을 사용하여 팁 표면을 버핑 한다.

**Step 3.** 베이스 젤을 바른 후, 큐어링 한다. 큐어 링 시간은 UV는 1분, LED는 30초가 적 당하다. 남아있는 미경화 젤(굳어지지 않 은 젤)을 닦아 낸다.

**Step 4.** 2가지 이상의 색으로 스펀지를 이용하여 그라데이션 한다. 초벌 후 큐어링 30초, 재벌 후 큐어링은 1분 하도록 한다.

**Step 5.** 미경화젤을 닦고 그라데이션이 잘 되었는 지 확인한다.

**Step 6.** 지브라를 그릴 때 젤은 굳지 않고 번지기 쉬우므로 큐어링 하면서 그려주는 것이 좋다.

**Step 7.** 지브라의 간격은 길고 짧고를 반복하면서 그려주면 더 예쁜 지브라 모양이 나온다.

**Step 8.** 탑 젤을 바르고 3분 큐어링 하고, 광택을
주도록 한다.

〈지브라 완성〉

작품명

Concept 및 재료

시술 방법

작품 스케치

작품 붙이기

작품 붙이기

## 2) 프렌치와 호피

* 시술재료

프라이머, UV램프, 젤 브러시, 베이스 젤, 탑 젤, 컬러 젤, 젤 클리너,
100% 아세톤

** 시술과정

**Step 1.** 인조 팁의 모양을 잡고 팁 스탠드에 고정
시킨다.

**Step 2.** 샌딩을 사용하여 팁 표면을 버핑 한다.

**Step 3.** 베이스 젤을 바른 후, 큐어링 한다. 큐어
링 시간은 UV는 1분, LED는 30초가 적
당하다. 남아있는 미경화 젤(굳어지지 않
은 젤)을 닦아 내도록 한다.

**Step 4.** 기본 프렌치 컬러링 한다(딥프렌치 방법
도 동일하다). 초벌 후 큐어링 30초, 재벌
후 큐어링 1분 한다.

**Step 5.** 미경화 젤을 닦아준다.

**Step 6.** 호피모양을 그리고 큐어링 하는데, 디자
인을 완성 한 후에는 반드시 3분 이상 큐
어링 한다. 호피모양을 그릴 때 젤은 굳지
않고 번지기 쉬우므로 큐어링 하면서 그
려주는 것이 좋다.

**Step 7.** 호피는 안의 모양을 먼저 채운 후, 바깥
라인을 그리는 것이 깔끔하고 예쁘다.

**Step 8.** 탑 젤을 바르고 3분 큐어링 하고, 광택을
주도록 한다.

〈프렌치와 호피 완성〉

작품명

Concept 및 재료

시술 방법

작품 스케치

작품 붙이기

작품 붙이기

### 3) 크루크루 아트

크루크루는 '뱅뱅', '뱅글뱅글', '여러 겹으로 감는 모양'이라는 뜻을 가지고 있어 색과 색을 섞어 이를 아트에 응용하는 마블아트기법이다.

* 시술재료

프라이머, UV램프, 젤 브러시, 베이스 젤, 탑 젤, 컬러 젤, 젤 클리너, 100% 아세톤

** 시술과정

**Step 1.** 인조 팁의 모양을 잡고 팁 스탠드에 고정 시킨다.

**Step 2.** 샌딩을 사용하여 팁 표면을 버핑 한다.

**Step 3.** 베이스 젤을 바른 후, 큐어링 하도록 한 다. 큐어링 시간은 UV는 1분, LED는 30 초가 적당하다. 남아있는 미경화 젤(굳어 지지 않은 젤)을 닦아 내도록 한다.

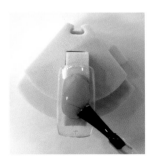

**Step 4.** 풀컬러링을 한다. 색은 원하는 컬러를 선
정하여 바르고, 초벌 후 큐어링 30초, 재
벌 후 큐어링은 하지 않는다. 세필붓을 이
용하여 라인이 번지도록 그린다.

**Step 5.** 큐어링을 하지 않은 컬러 위에 다른 색을
떨어뜨린 후, 젤 라인브러시 또는 도트펜
을 이용하여 원을 뱅글뱅글 돌려 그리고
3분 이상 큐어링 하도록 한다.

**Step 6.** 마블 기법을 응용하였기 때문에 중간에
큐어링은 하지 않도록 한다.

**Step 7.** 크루크루 번지도록 라이너 브러시로 돌려
준다.

**Step 8.** 탑 젤을 바르고 3분 큐어링 하고, 광택을
주도록 한다. 스톤은 색상과 구도에 따라
선택 하도록 한다.

〈크루크루 아트 완성〉

작품명

Concept 및 재료

시술 방법

작품 스케치

작품 붙이기

작품 붙이기

## 4) 대리석 아트

* 시술재료

프라이머, UV램프, 젤 브러시, 베이스 젤, 탑 젤, 컬러 젤, 젤 클리너,
100% 아세톤

** 시술과정

**Step 1.** 인조 팁의 모양을 잡고 팁 스탠드에 고정
시킨다.

**Step 2.** 샌딩을 사용하여 팁 표면을 버핑 한다.

**Step 3.** 베이스 젤을 바른 후, 큐어링 하도록 한
다. 큐어링 시간은 UV는 1분, LED는 30
초가 적당하다. 남아있는 미경화 젤(굳어
지지 않은 젤)을 닦아 낸다.

**Step 4.** 풀컬러링 한다. 색은 원하는 컬러를 선정
하여 바르고, 초벌 후 큐어링 30초, 재벌
후 1분 큐어링 한다.

**Step 5.** 미경화 젤을 닦은 후, 세필 브러시로 라인
을 두껍고 불규칙하게 그린다.

**Step 6.** 브러시를 이용해 선이 뭉치지 않게 얇게
펴준다.

**Step 7.** 큐어링 후 경우에 따라 얇은 펄을 바를
수도 있다. 흰색을 얇게 발라 대리석의 느
낌을 준다.

**Step 8.** 다시 한 번 라인을 불규칙하게 그려서 포인트를 주고 그라데이션 대리석의 느낌이 나도록 그라데이션 해주고 큐어링은 3분 동안 한다.

**Step 9.** 탑 젤을 바르고 3분 큐어링 하고, 광택을 준다.

〈대리석 아트 완성〉

작품명

Concept 및 재료

시술 방법

작품 스케치

작품 붙이기

## 5) 원석 아트

* 시술재료

프라이머, UV램프, 젤 브러시, 베이스 젤, 탑 젤, 컬러 젤, 젤 클리너, 100% 아세톤

** 시술과정

**Step 1.** 인조 팁의 모양을 잡고 팁 스탠드에 고정
시킨다.

**Step 2.** 샌딩을 사용하여 팁 표면을 버핑 한다.

**Step 3.** 베이스 젤을 바른 후, 큐어링 한다. 큐어
링 시간은 UV는 1분, LED는 30초가 적
당하다. 남아있는 미경화 젤(굳어지지 않
은 젤)을 닦아낸다.

**Step 4.** 풀컬러링 한다. 원하는 컬러를 선정하여 바르고, 초벌 후 큐어링 30초, 재벌 후 1분 큐어링 한다.

**Step 5.** 미경화 젤을 닦은 후, 원하는 라인대로 선을 그은 후, 브러시를 이용해 선을 따라 뭉치지 않게 잘 펴준다.

**Step 6.** 큐어링 후 얇은 펄을 바르고 그 위에 흰색을 얇게 발라 대리석의 느낌을 주는데, 원석아트는 대리석 아트와 하는 방법이 동일하다.

**Step 7.** 대리석과 다르게 원석아트는 선이 명확하고 뚜렷하도록 한다. 큐어링은 3분 한다.

**Step 8.** 원석 느낌이 나도록 자개 등의 재료를
사용한다.

**Step 9.** 탑 젤을 바르고 3분 큐어링 하고, 광택을
준다.

**〈원석아트 완성〉**

작품명

Concept 및 재료

시술 방법

작품 스케치

작품 붙이기

작품 붙이기

## 6) 와니 아트

와니아트는 '악어'에서 악어무늬를 응용하여 색과 색을 섞어 이를 아트에 응용하는 마블아트 기법이다.

＊시술재료

프라이머, UV램프, 젤 브러시, 베이스 젤, 탑 젤, 컬러 젤, 젤 클리너, 100% 아세톤

＊＊시술과정

**Step 1.** 인조 팁의 모양을 잡고 팁 스탠드에 고정 시킨다.

**Step 2.** 샌딩을 사용하여 팁 표면을 버핑 한다.

**Step 3.** 베이스 젤을 바른 후, 큐어링 한다. 큐어링 시간은 UV는 1분, LED는 30초가 적당하다. 남아 있는 미경화 젤(굳어지지 않은 젤)을 닦아 내도록 한다.

**Step 4.** 3가지 색으로 그라데이션을 하도록 한다.

**Step 5.** 큐어링 하지 않고 자연스럽게 그라데이션
이 되도록 발라준다.

**Step 6.** 큐어링을 하지 않고 그라데이션 후 1분
큐어링 한다.

**Step 7.** 미경화 젤을 닦은 후, 원하는 색의 펄을
바르고 1분 큐어링 한다.

**Step 8.** 미경화 젤을 닦은 후, 흰색 젤과 클리어
젤을 섞어 바른 후 베이스 젤을 원하는
모양대로 떨어뜨리고 자연스럽게 퍼진 후
큐어링은 3분 한다. 베이스 젤의 양이 많
을수록 방울이 크게 퍼진다.

**Step 9.** 탑 젤을 바르고 3분 큐어링 하고, 광택을
주도록 한다.

〈와니아트 완성〉

작품명

Concept 및 재료

시술 방법

작품 스케치

작품 붙이기

## 7) 타라시코미 아트

*시술재료

프라이머, UV램프, 젤 브러시, 베이스 젤, 탑 젤, 컬러 젤, 젤 클리너, 100% 아세톤

** 시술과정

**Step 1.** 인조 팁의 모양을 잡고 팁 스탠드에 고정
시킨다.

**Step 2.** 샌딩을 사용하여 팁 표면을 버핑 한다.

**Step 3.** 베이스 젤을 바른 후, 큐어링 한다. 큐어
링 시간은 UV는 1분, LED는 30초가 적
당하다. 남아 있는 미경화 젤(굳어지지 않
은 젤)을 닦아 내도록 한다.

**Step 4.** 원하는 컬러를 선정하여 풀컬러링 하고, 초벌 후 큐어링 30초, 재벌 후 1분 큐어링 한다.

**Step 5.** 미경화 젤을 닦은 후, 검정색과 베이스 젤을 섞어 꽃잎 모양을 그려 준다.

**Step 6.** 수채화처럼 번지는 효과가 나타나도록 드라이 브러시 기법 후, 3분 이상 큐어링 한다.

**Step 7.** 번지는 느낌이 나도록 꽃잎을 겹쳐서 그려주고 1분 큐어링 한다.

**Step 8.** 미경화 젤을 닦은 후, 꽃잎과 잎사귀 등
라인처리 후 포인트를 그려 준다.

**Step 9.** 탑 젤을 바르고 3분 큐어링 하고, 광택을
주도록 한다.

〈타라시코미 완성〉

작품명

Concept 및 재료

시술 방법

작품 스케치

작품 붙이기

작품 붙이기

## 8) 피코크 아트

* 시술재료

프라이머, UV램프, 젤 브러시, 베이스 젤, 탑 젤, 컬러 젤, 젤 클리너, 100% 아세톤

** 시술과정

**Step 1.** 인조 팁의 모양을 잡고 팁 스탠드에 고정
시킨다.

**Step 2.** 샌딩을 사용하여 팁 표면을 버핑 한다.

**Step 3.** 베이스 젤을 바른 후, 큐어링 한다. 큐어
링 시간은 UV는 1분, LED는 30초가 적
당하다. 남아 있는 미경화 젤(굳어지지 않
은 젤)을 닦아 내도록 한다.

**Step 4.** 원하는 컬러를 선정하여 풀컬러링 하고, 초벌 후 큐어링 30초, 재벌 후 큐어링은 1분 한다.

**Step 5.** 미경화 젤을 닦은 후, 여러 색을 원하는 모양으로 떨어뜨린다.

**Step 6.** 큐어링 하지 않고 색들이 서로 번지도록 기다린다.

**Step 7.** 색과 색이 섞여지도록 젤 라이너 브러시 또는 도트팬을 이용하여 한 방향이나 지그재그로 라인을 긋고, 3분 이상 큐어링 한다.

**Step 8.** 탑 젤을 바르고 3분 큐어링 하고, 광택을
준다.

〈피코크 아트 완성〉

작품명

Concept 및 재료

시술 방법

작품 스케치

작품 붙이기

작품 붙이기

## 9) 응용 아트

*시술재료

프라이머, UV램프, 젤 브러시, 베이스 젤, 탑 젤, 컬러 젤, 젤 클리너, 100% 아세톤

** 시술과정

**Step 1.** 인조 팁의 모양을 잡고 팁 스탠드에 고정 시킨다.

**Step 2.** 샌딩을 사용하여 팁 표면을 버핑 한다.

**Step 3.** 베이스 젤을 바른 후, 큐어링 한다. 큐어 링 시간은 UV는 1분, LED는 30초가 적 당하다. 남아 있는 미경화 젤(굳어지지 않 은 젤)을 닦아 낸다.

**Step 4.** 원하는 컬러를 선정하여 풀컬러링 하고, 초벌 후 큐어링 30초, 재벌 후 큐어링은 1분 한다.

**Step 5.** 구상한 디자인에 맞게 다양한 브러시를 이용하여 밑바탕 그림을 그린다.

**Step 6.** 원하는 모양과 색으로 그라데이션 후, 1분 이상 큐어링 한다.

**Step 7.** 포인트적인 색을 그라데이션 하여 입체감을 넣어주고 1분 이상 큐어링 한다.

**Step 8.** 젤 라인브러시를 이용해 라인을 그려주
고, 3분 이상 큐어링 한다.

**Step 9.** 탑 젤을 바른 후 3분 큐어링 하여 광택을
준다.

〈응용아트 완성〉

작품명

Concept 및 재료

시술 방법

작품 스케치

작품 붙이기

작품 붙이기

Gallery

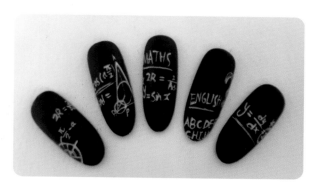

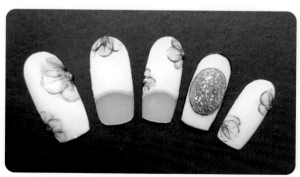

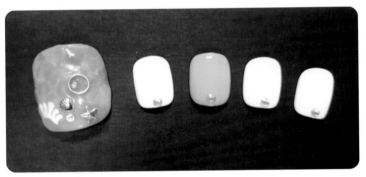

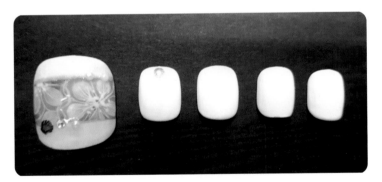

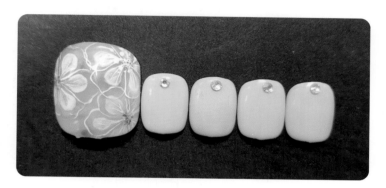

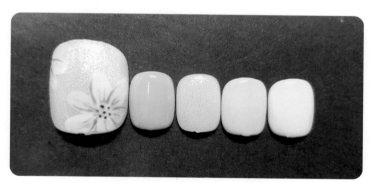

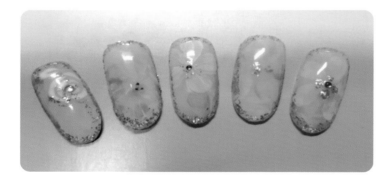

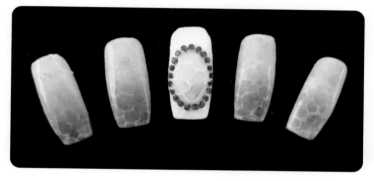

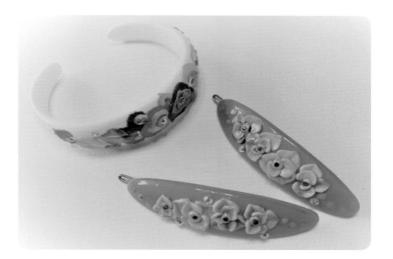

# 셀프 네일 아트 (예쁜 손톱 만드는 방법)

**초판인쇄_** 2017년 09월 15일
**초판발행_** 2017년 09월 18일

**지은이_** 윤오선 · 서선미
**디자인_** 디자인에스

**펴낸곳_** ㈜마이스터연구소
**펴낸이_** 김연욱
**출판등록_** 2007년 3월 12일 제307-2014-65호
**주소_** 서울시 성북구 성북로4길 52, 스카이프라자 718호
**전화_** 02-701-7002    **팩스_** 02-6969-9428
**이메일_** yeonuk2020@naver.com
**홈페이지_** www.meister.or.kr

**ISBN 979-11-88586-00-4**         **정가 22,000원**